Anoja Kurian

Uma viagem pelo código de barras do ADN

Anoja Kurian

Uma viagem pelo código de barras do ADN

Desvendar os segredos da natureza: um guia fundamental para o código de barras do ADN

ScienciaScripts

Imprint

Any brand names and product names mentioned in this book are subject to trademark, brand or patent protection and are trademarks or registered trademarks of their respective holders. The use of brand names, product names, common names, trade names, product descriptions etc. even without a particular marking in this work is in no way to be construed to mean that such names may be regarded as unrestricted in respect of trademark and brand protection legislation and could thus be used by anyone.

Cover image: www.ingimage.com

This book is a translation from the original published under ISBN 978-3-8416-3673-7.

Publisher:
Sciencia Scripts
is a trademark of
Dodo Books Indian Ocean Ltd. and OmniScriptum S.R.L publishing group

120 High Road, East Finchley, London, N2 9ED, United Kingdom
Str. Armeneasca 28/1, office 1, Chisinau MD-2012, Republic of Moldova, Europe
Managing Directors: Ieva Konstantinova, Victoria Ursu
info@omniscriptum.com

Printed at: see last page
ISBN: 978-620-8-51910-0

Conteúdo

INTRODUÇÃO 2
CAPÍTULO 1 8
CAPÍTULO 2 13
CAPÍTULO 3 22
CAPÍTULO 4 27
CAPÍTULO 5 37
CONCLUSÃO 45
REFERÊNCIAS 48

INTRODUÇÃO

Todas as formas de vida na Terra existem graças a um processo contínuo de evolução. Esta viagem remonta a cerca de 4 mil milhões de anos, começando com o aparecimento de organismos unicelulares e progredindo através da revolução das formas de vida multicelulares. Ao longo do tempo, esta trajetória evolutiva conduziu à notável diversidade de vida que hoje se observa. A teoria revolucionária de Charles Darwin, apresentada na sua obra seminal "A Origem das Espécies" em 1859, revolucionou a nossa compreensão do desenvolvimento da vida e influenciou profundamente a sua aplicação na classificação dos grupos de plantas e animais.

A sistemática, tal como definida por Mayr em 1969, engloba a exploração científica da diversidade dos organismos, abrangendo a sua classificação, origens, trajectórias evolutivas, diversidade e distribuição geográfica. Este domínio interdisciplinar baseia-se numa síntese dos conhecimentos morfológicos, genéticos e evolutivos dos organismos, abrangendo tanto a taxonomia como a filogenia. Tradicionalmente, a filogenética, o ramo da sistemática responsável pela reconstrução das relações evolutivas entre as espécies, baseava-se principalmente em caraterísticas morfológicas. No entanto, as análises filogenéticas contemporâneas expandiram-se para incorporar dados genéticos, tais como sequências de ADN ou de proteínas, juntamente com caraterísticas morfológicas. Esta abordagem integrativa reconhece que as espécies morfologicamente semelhantes não estão necessariamente relacionadas geneticamente. Ao combinar dados morfológicos e genéticos, os investigadores pretendem obter uma compreensão mais completa de taxa complexos e enigmáticos. As reconstruções filogenéticas dependem da identificação exacta das espécies, que é cada vez mais apoiada por dados moleculares. Do mesmo modo, a taxonomia, uma componente fundamental da sistemática, envolve a descrição meticulosa, a designação e a classificação dos organismos. A categorização taxonómica baseia-se numa vasta gama de dados de observação, incluindo a morfologia, o comportamento, a genética e as caraterísticas bioquímicas, para delimitar espécies distintas.

O conceito de espécie biológica define as espécies como grupos de populações que se cruzam naturalmente e que estão reprodutivamente isoladas de outros grupos. No entanto, apesar da sua importância, este conceito é apenas uma das muitas definições propostas para o termo "espécie". Ao longo do tempo, foram surgindo vários conceitos alternativos de espécie, cada um com os seus próprios méritos e limitações, o que levou a uma confusão e debate contínuos sobre a delimitação das espécies. Diferentes grupos de biólogos defendem diferentes conceitos de espécie, o que complica ainda mais a questão e sublinha a ambiguidade inerente à delimitação das espécies. Mesmo depois da compilação de vinte e quatro conceitos de espécies feita por Mayden em 1997, continuam surgir outras definições alternativas, o que reflecte a complexidade da questão. A diversidade dos conceitos de espécie conduz frequentemente a conclusões contraditórias sobre o número espécies presentes e os seus limites. Consequentemente, o problema do conceito de espécie está intimamente ligado ao desafio da delimitação das espécies. Os organismos podem ter semelhanças mas pertencer a espécies diferentes ou, pelo contrário, podem ter um aspeto diferente mas pertencer à mesma espécie. Além disso, dentro de uma mesma espécie, a variabilidade das caraterísticas pode complicar os esforços para definir as fronteiras das espécies com base em dados observados. Consequentemente, determinar as fronteiras das espécies observações empíricas é muitas vezes uma tarefa difícil, que exige uma consideração cuidadosa de múltiplos factores e que conduz frequentemente a um debate e revisão contínuos.

Nos últimos dois séculos e meio, os taxonomistas identificaram formalmente cerca de 1,78 milhões de espécies de plantas, animais e microrganismos. No entanto, este número é irrisório quando comparado com o número total estimado espécies na Terra, estimado em mais de 30 milhões. Esta grande disparidade evidencia a necessidade urgente de abordar as complexidades inerentes ao conceito de espécie, um desafio que exige uma atenção especial.

Confiar apenas nas caraterísticas morfológicas para a identificação de espécies apresenta obstáculos consideráveis, particularmente nos casos em que os organismos apresentam uma plasticidade ambiental extrema ou homoplasia. A plasticidade ambiental refere-se à capacidade dos organismos de se adaptarem a diferentes condições ambientais, resultando frequentemente em variações nas suas caraterísticas físicas que podem confundir de identificação tradicionais. A homoplasia, por outro lado, refere-se ao fenómeno em que diferentes espécies desenvolvem independentemente caraterísticas semelhantes, levando a semelhanças superficiais que podem obscurecer as verdadeiras relações evolutivas. Tendo em conta estes desafios, torna-se cada vez mais problemático delimitar com precisão as fronteiras das espécies apenas com base em caraterísticas morfológicas.

A nomenclatura das espécies pode tornar-se confusa, especialmente quando a distribuição de uma espécie abrange vários grupos linguísticos e culturais. Os termos gerais abrangem frequentemente uma vasta gama espécies, reflectindo diferentes nuances linguísticas, culturais ou de desenvolvimento. Por exemplo, o termo "canas" é comummente utilizado para designar uma vasta gama espécies. No entanto, esta categorização alargada pode ocultar as identidades distintas e os papéis ecológicos de cada espécie dentro do grupo. Apesar da sua conveniência, os termos gerais podem ocultar diferenças importantes na morfologia, comportamento ou função ecológica entre espécies.

No contexto da rotim, a utilização de termos gerais coloca desafios para a identificação e classificação exactas das espécies. A diversidade das espécies de rotim abrangidas por estes termos pode apresentar variações significativas nas suas caraterísticas, como o hábito de crescimento, a morfologia das folhas ou as exigências ecológicas. Por conseguinte, basear-se unicamente em termos gerais pode dificultar os esforços para desenvolver estratégias de conservação adaptadas ou práticas de gestão sustentável para espécies específicas de rotim. Para além disso, os termos gerais podem obscurecer a importância comercial de espécies individuais dentro do grupo das rotimãs. Ao agrupar espécies distintas sob um único termo geral, o valor económico ou a utilidade única de algumas espécies podem ser ignorados, levando à perda de oportunidades utilização sustentável ou de gestão de recursos.

No domínio da biologia marinha, o termo "corais" é frequentemente utilizado como um termo geral para uma vasta gama organismos pertencentes ao filo Cnidaria. Embora este termo seja conveniente para discussões gerais, não consegue captar a grande diversidade e importância ecológica de cada espécie de coral. Dentro da categoria alargada de "corais", existe uma multiplicidade de espécies com morfologias, formas de crescimento e papéis ecológicos variáveis. Por exemplo, alguns corais formam estruturas maciças de recife que proporcionam um habitat essencial para muitas espécies marinhas, enquanto outros apresentam formas de crescimento ramificadas ou incrustantes. Além disso, as espécies de coral podem diferir nas suas relações simbióticas com as algas, na sua sensibilidade aos factores de stress ambiental e na sua contribuição para o funcionamento dos ecossistemas.

No mundo botânico, o termo "gramíneas" é frequentemente utilizado como um termo geral para englobar uma vasta gama espécies de plantas pertencentes à família Poaceae. Embora seja conveniente para uma discussão geral, este termo não tem em conta a diversidade de espécies de gramíneas com diferentes hábitos de crescimento, nichos ecológicos e utilizações económicas. Do mesmo modo, no reino animal, o termo "aves" é comummente utilizado como termo geral para espécies de aves de vários taxa. No entanto, este termo não consegue captar a rica diversidade de espécies de aves, que variam consideravelmente em termos de tamanho, preferências de habitat, comportamento migratório e papéis ecológicos. No domínio dos fungos, o termo "fungos" é utilizado como termo geral para designar várias espécies de fungos com corpos de frutificação. No entanto, dentro desta categoria, existe uma multiplicidade de taxa fúngicos, cada um com a sua própria morfologia, interações ecológicas e utilizações medicinais ou culinárias. Além disso, no domínio da vida marinha, o termo "peixe" é frequentemente utilizado como termo geral para designar os vertebrados aquáticos. No entanto, este termo engloba uma vasta gama espécies que abrangem diversos habitats, comportamentos e linhas evolutivas, desde os minúsculos gobies que habitam os recifes até aos enormes atuns que vagueiam pelo oceano.

Embora os termos gerais sejam uma abreviatura conveniente para discutir grandes categorias de organismos, podem ocultar distinções importantes entre espécies, dificultando os esforços para compreender e conservar efetivamente a biodiversidade. Por conseguinte, é essencial reconhecer e apreciar a diversidade abrangida por estes termos gerais e utilizar uma linguagem mais precisa quando se discutem taxa específicos e os seus papéis ecológicos. Para ultrapassar a utilização de termos gerais na taxonomia, é necessário um esforço concertado melhorar a identificação e a classificação ao nível das espécies. Tirando partido das ferramentas moleculares e de métodos taxonómicos rigorosos, os investigadores podem desvendar as complexidades inerentes à biodiversidade e estabelecer uma compreensão mais matizada dos limites das espécies e dos papéis ecológicos. Esta abordagem não só promove uma identificação mais exacta das espécies, como também facilita esforços de conservação orientados e práticas de gestão sustentável adaptadas às necessidades específicas de cada espécie.

Consequentemente, é cada vez mais reconhecida a necessidade de complementar as abordagens morfológicas tradicionais com técnicas moleculares, a fim melhorar a identificação e a classificação das espécies. Ao integrar dados moleculares com observações morfológicas, os investigadores podem obter uma compreensão mais completa da diversidade das espécies e das relações evolutivas, avançando assim no nosso conhecimento do mundo natural.

A abundância de bases de dados de sequências de ADN facilita as comparações entre uma vasta gama organismos, fornecendo aos investigadores informações valiosas sobre as relações evolutivas e facilitando classificações taxonómicas mais precisas. Os dados moleculares, que se prestam à modelização estatística, proporcionam um quadro sólido para a compreensão das mudanças evolutivas e identificação precisa das espécies, abordando assim as complexidades taxonómicas em diversos grupos. Dadas estas vantagens, têm sido exploradas numerosas abordagens moleculares para resolver desafios taxonómicos, surgindo o código de barras de ADN como uma ferramenta particularmente promissora neste contexto.

CAPÍTULO 1

CODIFICAÇÃO DE BARRAS DE ADN

O advento dos dados de sequências de nucleótidos de ADN levou a um interesse renovado na análise molecular sistemática, oferecendo uma via promissora para a identificação e classificação precisas em vários grupos taxonómicos. Em particular, a classificação dos géneros beneficiou consideravelmente destes avanços. Desde a proposta pioneira de Paul Hebert de código de barras de ADN para a identificação de organismos, esta técnica ganhou um reconhecimento generalizado, nomeadamente no domínio da identificação de espécies vegetais. A procura de um código de barras de ADN ideal persiste, motivada pelo desejo de uma melhor discriminação e identificação das espécies através de segmentos de ADN concisos, caracterizados por elevadas taxas de recuperação e universalidade. O código de barras de ADN é uma técnica molecular identificação rápida, exacta e automatizada de espécies, que utiliza sequências de ADN normalizadas, designadas códigos de barras de ADN, permitindo uma identificação de espécies com uma boa relação custo-eficácia. Esta exploração introdutória prepara o terreno para uma exploração mais aprofundada importância e das implicações do código de barras de ADN na investigação biológica contemporânea.

O princípio fundamental por detrás do código de barras de ADN reside na sua capacidade de identificar inequivocamente um organismo ao nível da espécie, comparando a sua sequência individual de ADN com uma biblioteca de referência de tais sequências. Esta analogia é semelhante à forma como um scanner de supermercado funciona, utilizando as riscas pretas de um código de barras UPC para identificar um artigo no seu inventário através da referência a uma base de dados. Os "códigos de barras" de ADN são utilizados para uma variedade de fins, incluindo a identificação espécies desconhecidas ou partes específicas de um organismo, a catalogação completa de taxa e a comparação com métodos taxonómicos tradicionais para elucidar os limites das espécies.

A utilização de códigos de barras de ADN permite aos investigadores identificar espécies de forma rápida e precisa, comparando as suas assinaturas genéticas com as armazenadas em bases de dados de referência. Este método permite a identificação de espécies mesmo quando as caraterísticas morfológicas tradicionais são ambíguas ou não estão disponíveis. À semelhança da forma como um scanner de supermercado associa rapidamente um artigo à entrada correspondente na base de dados, o código de barras de ADN facilita a identificação rápida e fiável de organismos com base na sua informação genética. Além disso, os códigos de barras de ADN estão a ser utilizados não só para identificar espécies conhecidas, mas também para descobrir novas espécies. Ao catalogar o maior número possível de taxa, os investigadores podem descobrir espécies anteriormente desconhecidas e contribuir para a nossa compreensão da biodiversidade global. Além disso, o código de barras de ADN pode complementar as abordagens taxonómicas tradicionais, fornecendo provas moleculares para apoiar a delimitação de espécies e aperfeiçoar as classificações taxonómicas existentes. Através de análises comparativas com a taxonomia tradicional, o código de barras de ADN ajuda a clarificar as fronteiras das espécies e a resolver incertezas taxonómicas, melhorando assim o nosso conhecimento da diversidade e da revolução das espécies.

Em 2003, Paul D.N. Hebert e os seus colegas da Universidade de Guelph, Ontário, Canadá, propuseram os métodos específicos e a terminologia do código de barras de ADN no seu artigo inovador. Esta abordagem normalizada tinha como objetivo identificar espécies e potencialmente atribuir sequências desconhecidas a taxa superiores, como ordens e filos. Hebert e a sua equipa demonstraram a eficiência do gene da citocromo c oxidase I (COI), utilizado pela primeira vez por Folmer et al. em 1994. Utilizando iniciadores de ADN publicados, demonstraram a utilidade do gene COI como ferramenta para efetuar análises filogenéticas ao nível das espécies, particularmente para invertebrados metazoários. Os padrões distintos de variação no gene COI ao nível do ADN tornam-no adequado para distinguir os taxa. A sua relativa facilidade de recuperação de sequências, combinada com a sua variabilidade e conservação entre espécies, oferece muitas

vantagens. Hebert e os seus colegas cunharam o termo "códigos de barras" para descrever estes perfis e perspectivaram o desenvolvimento de uma base de dados COI que poderia servir de base a um sistema universal de bio-identificação.
O gene da citocromo c oxidase I (CO1), uma sequência de ADN mitocondrial (ADNmt), foi amplamente reconhecido como um código de barras eficaz para a identificação de espécies em vários grupos animais, como demonstrado por Hebert et al. em 2003. O ADN mitocondrial (ADNmt) tem várias vantagens em relação ao ADN nuclear. A taxa de mutação do ADN está inversamente correlacionada com o tamanho do genoma. Como resultado, o ADN nuclear sofre mutações relativamente mais lentas do que o ADNmt. Consequentemente, seria necessária uma sequência de nucleótidos muito mais longa para que o ADN nuclear servisse efetivamente como código de barras capaz de distinguir espécies, ao contrário da sequência comparativamente mais curta necessária para o ADNmt. No entanto, nas plantas, o ADN mitocondrial (ADNmt) tem baixas taxas de substituição e sofre alterações rápidas no conteúdo e na estrutura dos genes. Por conseguinte, esta região parece não ser adequada para o código de barras do ADN. Por conseguinte, o código de barras das plantas utiliza normalmente regiões do ADN dos cloroplastos, como rbcL, matK e trnH-psbA, devido às suas taxas relativamente elevadas de variação da sequência e à facilidade amplificação. O desenvolvimento de protocolos e bases de dados normalizados, como o Barcode of Life Data Systems (BOLD), facilitou a aplicação do código de barras das plantas em vários domínios, incluindo a avaliação da biodiversidade, a conservação e a autenticação de plantas medicinais.
Foram criadas numerosas organizações internacionais, incluindo o Consortium for the Barcode of Life (CBOL) e o Barcode of Life Data Systems (BOLD), para defender e promover o código de barras de ADN como norma universal para a identificação de espécies. Estas organizações desempenham um papel fundamental no avanço da investigação, facilitando a colaboração e promovendo a adoção generalizada do código de barras de ADN em diversas disciplinas científicas e regiões geográficas.

O Consórcio para o Código de Barras da Vida (CBOL), por exemplo, é uma iniciativa internacional dedicada à promoção do código de barras de ADN como norma universal para a identificação de espécies. Criado em maio de 2004 com o apoio da Fundação Alfred P. Sloan, o CBOL tem mais de 130 organizações membros em mais de 40 países. O secretariado do CBOL está sediado no Museu Nacional de História Natural, Smithsonian Institution, em Washington, DC.

O CBOL promove ativamente o código de barras de ADN através de vários canais, incluindo workshops, grupos de trabalho, conferências internacionais e reuniões de sensibilização nos países em desenvolvimento. Essas iniciativas têm como objetivo aumentar a conscientização sobre o código de barras e promover a colaboração entre cientistas e partes interessadas em todo o mundo. Além disso, o CBOL facilita reuniões de planeamento para projectos de códigos de barras e produz materiais de divulgação para disseminar informações sobre os benefícios e as aplicações dos códigos de barras de ADN. Um passo importante dado pelo CBOL é o desenvolvimento uma norma de dados para o código de barras de ADN, que foi aprovada pelos principais repositórios, como o GenBank, o Instituto Europeu de Bioinformática e a Base de Dados de ADN do Japão. Esta normalização melhora a interoperabilidade e a acessibilidade dos dados de códigos de barras de ADN, facilitando a sua integração em esforços mais alargados de investigação científica e conservação.

Os esforços de defesa da CBOL vão além da comunidade científica, envolvendo agências governamentais e organizações internacionais envolvidas na agricultura, conservação ambiental e gestão da biodiversidade. Ao defender a adoção de códigos de barras de ADN nestes sectores, o CBOL procura demonstrar a utilidade prática dos códigos de barras numa variedade de áreas, incluindo a monitorização de espécies, a regulamentação do comércio (como através da CITES) e práticas agrícolas sustentáveis. Graças à sua abordagem multidimensional, o CBOL tem desempenhado um papel central na promoção da aceitação e implementação generalizadas do código de barras de ADN como uma ferramenta poderosa para a identificação e conservação de espécies.

Do mesmo modo, o BOLD funciona como uma oficina em linha que apoia a recolha, gestão, análise e aplicação de códigos de barras de ADN. Instalada na Universidade de Guelph, a BOLD fornece aos investigadores uma plataforma abrangente para descarregar, armazenar e analisar dados de códigos de barras de ADN, facilitando a integração do código de barras de ADN em vários projectos e aplicações de investigação. Com a sua interface de fácil utilização e a sua extensa base de dados de sequências de códigos de barras de ADN, o BOLD investigadores acesso a recursos e ferramentas valiosos para a identificação de espécies, investigação taxonómica e monitorização da biodiversidade. O Barcode of Life Data Systems (BOLD) funciona como uma plataforma Internet que facilita a recolha, organização, análise e aplicação de códigos de barras de ADN. Dirigido por Hebert, que é diretor do Instituto de Biodiversidade de Ontário e do Centro Canadiano de Código de Barras de ADN, bem como do Projeto Internacional de Código de Barras da Vida (iBOL), todos sediados na Universidade de Guelph, o BOLD também está localizado aqui. instituição. Juntas, organizações como a CBOL e a BOLD estão a desempenhar um papel fundamental no avanço do campo do código de barras de ADN, promovendo a colaboração interdisciplinar e melhorando a nossa compreensão da biodiversidade global.

CAPÍTULO 2

BARCOS DE ADN

O código de barras de ADN envolve a utilização de padrões distintivos de sequências de nucleótidos derivados de pequenos fragmentos de ADN, normalmente entre 400 e 800 pares de bases, para servir de colecções de referência específicas identificação de amostras, designadas por códigos de barras de ADN. Os códigos de barras de ADN são, por conseguinte, sequências de ADN curtas e normalizadas utilizadas como identificadores únicos das espécies. Estas sequências, normalmente derivadas de regiões específicas do genoma de um organismo, servem etiquetas moleculares que podem ser utilizadas para distinguir entre diferentes espécies. Os códigos de barras de ADN são utilizados numa variedade de domínios, incluindo a avaliação da biodiversidade, a identificação de espécies e a biologia da conservação, proporcionando um método rápido e preciso para classificar e catalogar organismos com base na sua informação genética. Inicialmente, o principal objetivo do código de barras de ADN era criar bibliotecas completas em linha que contivessem sequências de todas as espécies conhecidas. Estas bibliotecas funcionariam então como referências normalizadas com base nas quais os códigos de barras de ADN de qualquer espécime identificado ou não identificado poderiam ser comparados e comparados.

As caraterísticas essenciais de um código de barras de ADN ideal incluem a universalidade, a especificidade, a variação e a facilidade de utilização. A universalidade garante que o fragmento de ADN selecionado pode ser amplificado e sequenciado numa vasta gama espécies, o que facilita a sua aplicação numa variedade de taxa. A especificidade refere-se à capacidade do código de barras para distinguir com exatidão espécies ou indivíduos estreitamente relacionados dentro de uma espécie. A variação é essencial para captar a diversidade genética dentro e entre espécies, permitindo uma diferenciação significativa. Por último, a facilidade de utilização garante que os códigos de barras de ADN podem ser gerados de forma eficiente e fiável utilizando técnicas laboratoriais normalizadas, permitindo uma adoção e aplicação generalizadas numa variedade de contextos científicos e práticos. O código de barras deve conter um número limitado inserções ou supressões facilitar o alinhamento das sequências e garantir a uniformidade. Além disso, a sua taxa de mutação deve ser suficiente para criar um "intervalo de código de barras", no qual a variação intra-específica mais elevada é inferior à variação inter-específica mais baixa. A "lacuna do código de barras" refere-se à diferença entre a variação genética máxima encontrada em indivíduos da mesma espécie e a variação genética mínima observada entre indivíduos de espécies diferentes.

Códigos de barras em animais

A subunidade I da citocromo c oxidase mitocondrial (COI) é o marcador de código de barras de ADN predominante para a identificação de animais, devido à sua utilização generalizada e à sua elevada conservação em espécies dependentes da fosforilação oxidativa para o metabolismo. Numerosos estudos salientaram eficácia do código de barras de ADN baseado na COI para delimitar várias espécies animais, destacando as taxas significativas de variação das sequências a nível das espécies e as limitações da divergência intra-específica nas sequências COI. Para a análise de tecidos animais frescos e bem conservados, os peritos recomendam a utilização de um código de barras completo, uma região de 658 pb do gene COI, uma vez que tal permite a amplificação e sequenciação por PCR. O desenvolvimento, por Folmer, de iniciadores "universais" para amplificar o gene COI em invertebrados metazoários revolucionou o processo de código de barras de ADN, permitindo uma codificação de barras e uma análise filogenética rápidas e simples. No entanto, a proliferação de estudos de código de barras levou a uma maior frequência de sequências publicadas incorretamente. Este facto deve-se frequentemente à amplificação não intencional de taxa não visados e a uma análise insuficiente das sequências obtidas. Em consequência, algumas sequências depositadas em bases de dados genéticos são erradamente rotuladas como provenientes invertebrados , na realidade, são sequências bacterianas. Para ultrapassar os constrangimentos associados aos primers Folmer, os investigadores desenvolveram conjuntos de primers alternativos. Desde 2013, a base de dados

Barcode of Life (BOLDSystems) catalogou cerca de 418 primers distintos concebidos para sequências COI de vários taxa. Além disso, alguns cientistas experimentaram reduzir significativamente as temperaturas de recozimento dos primers para mitigar os problemas de amplificação.

Para além do COI, outros marcadores genéticos, como as regiões 16S rRNA e ITS, têm sido utilizados como códigos de barras de ADN para determinados grupos animais. Estes marcadores são particularmente úteis nos casos em que o COI pode não fornecer uma resolução suficiente, como no caso dos invertebrados ou de espécies estreitamente relacionadas.

No entanto, os tecidos animais são frequentemente processados antes de serem utilizados como medicamentos tradicionais (MT), e certos métodos de processamento, como a secagem ao sol, a fritura ou a ebulição, podem induzir a degradação do ADN, complicando a amplificação por PCR de códigos de barras completos. Como a viabilidade da amplificação melhora com comprimentos de sequência mais curtos, há um interesse crescente na utilização de uma abordagem de "minibarcoding", que utiliza regiões abreviadas no código de barras padrão. Investigações recentes indicam que uma gama de minibarcodes pode ser eficientemente amplificada e sequenciada a partir de uma variedade de produtos transformados, incluindo TMs e alimentos, fornecendo informações de sequência adequadas essenciais para a identificação de espécies. Em alguns projectos de investigação, os códigos de barras de ADN constituíram uma ferramenta valiosa para a descoberta de potenciais espécies crípticas, taxa sinónimos ou espécies em risco de extinção.

Além disso, facilitou a correspondência entre espécimes adultos e os seus homólogos imaturos. Contudo, a precisão do código de barras de ADN na resolução de grupos taxonómicos superiores não foi tão precisa como a sua eficácia ao nível das espécies. No entanto, o código de barras de ADN é promissor como método identificação de espécies e poderá tornar-se uma ferramenta padrão amplamente adoptada na investigação taxonómica e da biodiversidade.

Códigos de barras em plantas

O código de barras das plantas consiste utilização de sequências de ADN de regiões específicas do genoma das plantas para identificar e classificar espécies vegetais. Esta abordagem proporciona um método rápido e preciso para distinguir entre diferentes taxa de plantas, ultrapassando os desafios associados à identificação tradicional baseada na morfologia, particularmente no caso de espécies crípticas ou taxa morfologicamente semelhantes.

Nas plantas, o ADN mitocondrial (ADNmt) apresenta baixas taxas de substituição. Por conseguinte, esta região é considerada inadequada para aplicações de código de barras de ADN. Reconhecendo as limitações do mtDNA nas plantas, o grupo de trabalho do Consortium for Barcoding of Living Plants (CBOL) propôs uma abordagem alternativa. Recomendou a utilização de sete regiões genómicas do cloroplasto para a identificação de espécies no reino vegetal. Estas regiões compreendem quatro segmentos de genes codificantes (matK, rbcL, rpoB e rpoCl) e três espaçadores não codificantes (atpF - atpH, psbA-trnH e psbK - psbI). Ao centrar-se no ADN dos cloroplastos, que apresenta taxas de substituição mais elevadas e maior estabilidade do conteúdo e da estrutura dos genes do que o ADN mitocondrial, o grupo de trabalho CBOL das plantas procurou ultrapassar os desafios associados à codificação do ADN das plantas.

Regiões cloroplásticas

As regiões codificantes e não codificantes dos plastídeos, tais como os espaçadores intergénicos rbcL, matK e psbA-trnH, são normalmente utilizadas para a codificação de plantas. O gene rbcL codifica a subunidade grande da rubilose-1,5-bisfosfato carboxilase/oxigenase (RUBISCO), uma enzima essencial para a fotossíntese. Embora sugerido pelo CBOL como um potencial código de barras para plantas, o rbcL por si só não é particularmente eficaz na distinção de espécies, levando muitos grupos de investigação a recomendar a sua utilização em combinação com outros marcadores.

O gene matK codifica a maturase quinase, que desempenha um papel no splicing dos intrões do tipo II dos transcritos de ARN. Devido à sua rápida evolução, alguns grupos recomendam a utilização do matK como código de barras único ou em combinação com outros marcadores. No entanto, foram observadas falhas na amplificação por PCR em algumas espécies, o que revela uma limitação da região matK. Devido à sua elevada discriminação de espécies, universalidade e facilidade de amplificação por PCR, a combinação de rbcL e matK foi aprovada pelo CBOL como código de barras padrão de dois locus para plantas.

Do mesmo modo, outras regiões dos cloroplastos, como rpoB, rpoCl, rpoC2, accD, ycf5 e ndhJ, foram sugeridas por vários grupos de trabalho para a codificação de códigos de barras de plantas. Os genes rpoB, rpoCl e rpoC2 codificam subunidades da RNA polimerase e são normalmente utilizados em estudos filogenéticos devido às suas elevadas taxas de substituição. Embora estes genes sejam altamente universais e produzam sequências de elevada qualidade, foram rejeitados como códigos de barras únicos pelo grupo de trabalho sobre plantas do CBOL devido à sua fraca discriminação das espécies.

O gene accD, que codifica a subunidade в-carboxil transferase da acetil-CoA carboxilase, encontra-se em todas as plantas com flor, mas está completamente ausente nas gramíneas. A sua evolução é cinco vezes mais rápida do que a do rbcL nos taxa vegetais e foi proposta como código de barras. O Royal Botanic Gardens, Kew, propôs o gene ycf5, curto e de cópia única, que codifica uma proteína com 313 aminoácidos, como região de código de barras. Embora o ycf5 seja conservado em todas as plantas terrestres, raramente é utilizado devido à sua baixa universalidade e às dificuldades alinhamento das sequências.

O gene ndhJ codifica uma subunidade da NADH desidrogenase, envolvida em processos respiratórios e faz parte de um complexo genético composto por 11 genes (ndhA - ndhK). Embora o ndhJ tenha sido testado para estudos de código de barras, está ausente em algumas gimnospérmicas, como Pinus, Cuscuta e Gnetales, mas presente noutras gimnospérmicas. disso, foram registadas dificuldades de amplificação do ndhJ em orquídeas. Embora alguns estudos tenham recomendado o ndhJ como um código de barras adicional devido à sua grande capacidade de discriminar espécies em hepáticas, pteridófitas e monocotiledóneas, o CBOL não o aceitou, provavelmente devido à sua ausência em certos grupos, como as coníferas. Além disso, alguns estudos concluíram que o ndhJ tem pouco poder de discriminação.

Os espaçadores intergénicos como psbA-trnH, atpF-atpH e psbK-psbI são também utilizados como códigos de barras de plantas. Devido ao seu elevado poder de discriminação entre espécies, o espaçador psbA-trnH é amplamente utilizado na codificação de DNA de plantas. O tamanho do genoma do espaçador psbA-trnH varia cerca de 300 pb e 1 000 pb, o que pode, por vezes, dar origem a problemas de sequenciação bidirecional. Esta região é frequentemente combinada com rbcL e matK para melhorar a discriminação das espécies.

O espaçador intergénico atpF-atpH codifica as subunidades da ATP sintase CFO I e CFO III, respetivamente. Embora este espaçador amplifique rapidamente, o alinhamento da sequência pode ser difícil devido a variações de comprimento, o que levou o CBOL a recomendá-lo apenas como um locus adicional. Os genes psbK e psbl codificam dois polipeptídeos de baixo peso molecular, K e I, respetivamente, do fotossistema II. Ao contrário de atpF-atpH, psbK-psbl apresenta alinhamento de sequência simples e amplificação por PCR. No entanto, devido às dificuldades encontradas na obtenção de sequências bidireccionais inequívocas, é também considerado como um código de barras adicional pelo CBOL, apesar do seu elevado poder de discriminação de espécies.

Além disso, o locus trnL (UAA) - trnF (GAA), embora não recomendado pelo CBOL, foi sugerido como código de barras por alguns investigadores. Este locus é vantajoso devido à sua estrutura secundária, que inclui a alternância de regiões conservadas e variáveis, e à sua utilidade em tecidos altamente degradados. Esta caraterística torna o trnL (UAA) - trnF (GAA) particularmente útil em estudos de código de barras que envolvam amostras degradadas.

Devido à variação limitada do ADN plasmático, são frequentemente selecionadas várias regiões como códigos de barras através de uma abordagem multinível. Foi proposta a utilização de rpoC1, rpoB e matK, bem como a combinação de rpoC1, matK e psbA-trnH, como marcadores eficientes para o código de barras de plantas terrestres. Em vez de simplesmente adicionar mais localizações para aumentar o número de regiões, foi sugerida uma estratégia multinível. Esta estratégia a utilização de uma região codificadora de primeiro nível comum a todas as plantas terrestres e de um segundo nível de regiões não codificadoras para fornecer informações a nível da espécie. As abordagens multigénicas tornaram-se uma prática comum em muitas espécies vegetais.

Região nuclear

O cistão do ADN ribossómico nuclear (ADNr) é uma família multigénica responsável pela codificação do núcleo de ácido nucleico dos ribossomas. Esta família evolui de forma concertada, resultando elevado grau de homogeneidade de sequência entre cópias de rDNA dentro de uma espécie, embora apresente diferenças significativas entre espécies. Esta caraterística confere ao rDNA as qualidades de um código de barras de ADN ideal.

As regiões ITS (Internal Transcribed Spacer) do rDNA demonstram um poder discriminatório superior ao das regiões plastidiais, particularmente a níveis taxonómicos inferiores. As regiões ITS1 e ITS2 podem ser amplificadas separadamente utilizando iniciadores ancorados em regiões conservadas. Este facto facilita a amplificação destas regiões mesmo de ADN degradado, tornando as regiões ITS particularmente úteis para a identificação de espécies.

Apesar da sua utilidade, as regiões ITS podem apresentar variações intra-individuais. Estas variações podem ocorrer como resultado de eventos recentes de hibridação, seleção de linhas, recombinação entre cópias, elevadas taxas de mutação e formação de pseudogénios em cistrões. No entanto, a região ITS ribossómica nuclear (nrlTS) continua a ser considerada um sério candidato à codificação de plantas devido às suas múltiplas cópias em cada célula, à disponibilidade iniciadores universais, à sua elevada universalidade e ao seu bom poder de discriminação de espécies.

A aplicação do nrlTS à identificação de plantas tem sido particularmente bem sucedida na identificação de plantas medicinais e dos seus parentes próximos.

Este sucesso realça a utilidade e a fiabilidade do nrITS para distinguir espécies de plantas estreitamente relacionadas, tornando-o uma ferramenta valiosa no domínio da codificação de barras de plantas.

Regiões nucleares com poucas cópias

A evolução lenta do ADN dos cloroplastos (ADNc) e a evolução incompleta e concertada do ADN ribossómico nuclear (ADNr) evidenciaram a necessidade de marcadores adicionais para a identificação de espécies. Estudos demonstraram que os dados relativos aos plastídeos muitas vezes não conseguem definir com exatidão os limites das espécies em grupos como salgueiros, batatas silvestres, juncos e briófitas. Este problema deve-se frequentemente a factores como a hibridação generalizada, a introgressão ou a classificação incompleta das linhas. Uma vez que os genes nucleares com baixo número de cópias evoluem muito mais rapidamente do que o genoma plastidial e são comuns em linhagens que se diversificam rapidamente, estes genes estão agora a ser considerados como potenciais códigos de barras para a discriminação de espécies. A investigação mostrou que as regiões nucleares com baixo número de cópias podem servir como códigos de barras de ADN eficientes, como demonstrado por grupos de plantas como *Clermontia* (Campanulaceae) e *Cyrtandra* (Gesneriaceae), em que as regiões plastidiais apresentam uma taxa evolução lenta. Esta abordagem oferece uma alternativa promissora para a distinção de espécies nos casos em que os marcadores plastídicos tradicionais são insuficientes. Embora seja uma região de um gene nuclear com baixo número de cópias, o RPB2 demonstrou ser um código de barras eficaz para distinguir espécies de Calamus. A RPB2, uma região de um gene nuclear com um baixo número de cópias, ganhou importância no domínio da codificação de ADN de plantas devido à sua eficácia na delimitação de espécies. Ao contrário das regiões plastidiais, que têm frequentemente taxas de evolução lentas, a RPB2 evolui mais rapidamente, o que a torna uma ferramenta valiosa para distinguir espécies estreitamente relacionadas. Esta região génica demonstrou a sua utilidade na identificação precisa de espécies do género Calamus e aplicação potencial noutros géneros da família das palmeiras. A maior resolução proporcionada pelo RPB2 ajuda a superar os desafios associados à hibridação, introgressão e seleção incompleta de linhas, que podem obscurecer as fronteiras das espécies quando se confia apenas em marcadores de plastídeos ou nrDNA. Assim, o RPB2 representa uma adição promissora ao conjunto de marcadores genéticos utilizados para a identificação precisa e fiável de espécies em plantas de evolução lenta. Também se mostra promissor como potencial código de barras para outros géneros de palmeiras.

CAPÍTULO 3

AVANÇOS NA CODIFICAÇÃO DE BARRAS DE ADN

O futuro do código de barras de ADN oferece oportunidades interessantes para novos progressos. Com o desenvolvimento contínuo de tecnologias de sequenciação, como a sequenciação de nova geração e a sequenciação por nanoporos, é provável que o custo e o tempo necessários para a sequenciação de ADN continuem a diminuir. Isto permitirá gerar grandes quantidades de dados de sequências de vários organismos, facilitando a identificação completa das espécies e a exploração da biodiversidade à escala global.

Embora o código de barras universal de ADN não seja totalmente eficaz na identificação de espécies em toda a árvore da vida, os investigadores adoptaram o código de barras de ADN como uma ferramenta valiosa nos seus domínios, o que levou à introdução de muitas novas regiões de código de barras. Um avanço significativo é a utilização de sequências completas do genoma dos plastídeos como códigos de barras de ADN. A diminuição dos custos e o aumento das capacidades das tecnologias de sequenciação de nova geração tornaram mais viável a sequenciação de plastídeos completos. Uma vez que os haplótipos dos plastídeos muitas vezes não correspondem perfeitamente aos limites das espécies, a sequenciação de todo o genoma dos plastídeos pode fornecer resultados de códigos de barras mais claros e definitivos. O desenvolvimento de tecnologias de sequenciação de nova geração tornará eventualmente possível obter grandes quantidades de dados de sequenciação de muitos indivíduos, resolvendo potencialmente os problemas associados aos genes de cópia única. Esta abordagem global poderá permitir delimitar as fronteiras das espécies da forma mais exaustiva possível, utilizando dados genéticos.

Além disso, o aparecimento de minicódigos de barras, que são sequências de ADN mais curtas, oferece uma abordagem mais económica e eficiente do código de barras de ADN, especialmente para a espécies em grande escala. O código de barras de ADN tradicional utiliza normalmente um segmento de ADN de 650 pb do gene mitocondrial COI para a identificação de espécies em grupos de animais, enquanto fragmentos de tamanho semelhante de genes de cloroplastos são sugeridos como marcadores de códigos de barras para plantas. Embora a amplificação por PCR e a sequenciação deste fragmento de 650 pb sejam geralmente fiáveis em amostras recém-colhidas e bem conservadas, a obtenção de um código de barras completo pode revelar-se difícil em espécimes de museu mais antigos ou conservados em substâncias não favoráveis ao ADN, como a formalina. Esta limitação também se aplica a materiais biológicos processados, como produtos alimentares, farmacêuticos e nutracêuticos, impedindo a autenticação e os testes eficazes baseados no ADN. Para resolver este problema, foram recuperadas com sucesso sequências de ADN mais curtas, conhecidas como mini-barcodes, que demonstraram a sua capacidade para identificar eficazmente a maioria dos espécimes ao nível da espécie. Além disso, estas regiões curtas de ADN podem ser processadas utilizando plataformas de sequenciação de elevado rendimento, oferecendo uma abordagem económica e abrangente para a espécies em grande escala. Os primers universais normalizados tornam os mini-barcodes altamente acessíveis, permitindo aos investigadores analisar rapidamente de ADN e identificar espécies com maior precisão. A combinação das propriedades dos minicódigos de barras e a disponibilidade iniciadores universais normalizados tornam-nos uma opção viável para a análise de códigos de barras de ADN de amostras de museus, bem como para o diagnóstico aplicado e a análise da biodiversidade ambiental.

Com os avanços nas tecnologias de sequenciação de alta velocidade, a obtenção de genomas completos de cloroplastos tornou-se mais acessível em grande escala e a custos reduzidos. Isto estimulou estudos sobre análises sistemáticas utilizando genomas de cloroplastos em géneros de plantas como *Epimede, Paris* e *Sanguisorba.* Devido ao poder discriminatório limitado dos marcadores moleculares convencionais nas plantas e nas suas espécies estreitamente relacionadas, os investigadores a utilização de todo o genoma do cloroplasto como um super código de barras para distinguir espécies estreitamente relacionadas. Em comparação com os códigos de barras de ADN específicos do género habitualmente utilizados, o genoma do cloroplasto apresenta uma maior variação, o que conduz a uma resolução significativamente melhorada nas análises filogenéticas. Consequentemente, o genoma do cloroplasto tem encontrado muitas aplicações em estudos filogenéticos, na análise de populações de plantas e na identificação de plantas. As árvores filogenéticas construídas com base em genomas completos de cloroplastos tendem a ter taxas de suporte e poder de discriminação mais elevados. Consequentemente, alguns investigadores propuseram a utilização genoma completo dos cloroplastos como um super código de barras para identificar com precisão espécies de plantas estreitamente relacionadas.

medida que os supercódigos de barras ganham terreno, um dos principais desafios consiste em equilibrar o seu elevado custo com a quantidade de sequências do genoma cp disponíveis nas bases de dados, em especial quando as amostras replicadas são escassas. Por conseguinte, a utilização de supercódigos de barras nem sempre é recomendada, em especial quando os códigos de barras de ADN normalmente utilizados podem cumprir adequadamente objetivo de identificação. Consequentemente, são frequentemente desenvolvidos e utilizados códigos de barras específicos para a identificação de plantas quando os códigos de barras padrão não fornecem uma autenticação exacta e os supercódigos de barras são considerados excessivos para as necessidades de determinadas experiências, particularmente no âmbito de grupos taxonómicos específicos.

No entanto, as vantagens do super código de barras são claras em situações em que os códigos de barras de ADN tradicionais têm dificuldade em identificar com precisão as espécies a níveis taxonómicos inferiores.

Embora os primeiros estudos tenham demonstrado o potencial do super-barcode, há provas que sugerem que o super-barcode nem sempre permite a identificação de todas as espécies de plantas. Por conseguinte, alguns investigadores voltaram a concentrar-se nos genes nucleares. Uma combinação do genoma plasmático e do rDNA tem sido gradualmente aceite para a identificação de espécies, servindo o modelo do genoma como um código de barras universal alargado. No entanto, as análises anteriores foram efectuadas a nível genómico. Foram utilizados genomas cp completos e 6 k bases de ADN ribossómico nuclear como "ultra-código de barras" para diferenciar espécies de cacau, incluindo vários indivíduos de T. cacao e um indivíduo de T. grandiflorum. Os resultados mostraram que o ultra-barcode é uma abordagem viável para distinguir com precisão variedades e mesmo indivíduos de diferentes genótipos dentro do cacau. A desnatação do genoma, baseada na sequenciação de baixa cobertura do ADN total, pode recuperar sequências completas do genoma plastidial, eliminando a necessidade obter sequências completas do genoma cp, tal como exigido pela supercodificação tradicional. Foi efectuada a desnatação do genoma para obter genomas plastidiais e rDNA quase completos para espécies de rododendros, utilizando um grande número amostras. Compararam o sucesso da discriminação com o do código de barras de ADN multi-lócus e atribuíram o aumento significativo do poder discriminatório à grande quantidade de dados sobre o genoma dos plastídeos.

O código de barras baseado no pangenoma representa uma abordagem inovadora do código de barras de ADN que explora o conceito de pangenoma, que engloba todo o repertório genómico de uma espécie, incluindo os genes principais partilhados por todos os indivíduos e os genes acessórios presentes apenas num subconjunto de indivíduos. Ao contrário dos métodos tradicionais de código de barras que se centram num único gene ou num pequeno conjunto de genes, o código de barras baseado no pangenoma tem em conta toda a diversidade genómica de uma espécie. Uma das principais vantagens do código de barras baseado no pangenoma é a sua capacidade de captar de forma mais completa a variabilidade genética presente nas espécies. Ao incorporar informações de genes principais e acessórios, os códigos de barras baseados no pangenoma podem fornecer uma identificação mais robusta e exacta das espécies, particularmente nos casos em que os códigos de barras tradicionais não conseguem diferenciar os taxa estreitamente relacionados.

Além disso, o código de barras baseado no pangenoma tem o potencial de descobrir novos marcadores genéticos que podem ser ignorados pelos métodos tradicionais de código de barras. Ao explorar toda a paisagem genómica uma espécie, os investigadores podem identificar regiões genómicas únicas que apresentam níveis elevados de variabilidade e que podem servir como códigos de barras informativos para a identificação de espécies.

Além disso, o conceito de supercódigos de barras, baseado em sequências completas de plastídeos, os códigos de barras do pangenoma, está a revelar-se promissor para a discriminação entre espécies estreitamente relacionadas. medida que as tecnologias de sequenciação progridem, a sequenciação do genoma completo e os super códigos de barras poderão tornar-se cada vez mais viáveis e tornar-se a escolha preferida para a identificação de plantas.

De um modo geral, os futuros avanços no domínio do código de barras do ADN deverão revolucionar a nossa compreensão da biodiversidade, melhorar os esforços de identificação das espécies e apoiar vários domínios, como a biologia da conservação, a ecologia e a medicina forense.

CAPÍTULO 4

METODOLOGIA DE CÓDIGO DE BARRAS DE ADN

A metodologia de codificação de barras de ADN é simples, sendo o processo amplamente semelhante para plantas e animais, com exceção das diferenças nas técnicas de isolamento do ADN e dos iniciadores específicos utilizados.

Uma vez selecionado um segmento de ADN adequado para análise, este deve ser extraído da amostra e amplificado por reação em cadeia da polimerase (PCR) primers específicos para o código de barras. O segmento amplificado do gene é sequenciado e esta sequência, o "código de barras", é então comparada com códigos de barras existentes ou com material de espécimes de referência após depósito no NCBI. A correção da distância genética do parâmetro Kimura2 (K2P) é utilizada para quantificar as divergências de sequência entre indivíduos, uma vez que é o modelo mais eficaz quando as distâncias são pequenas.

Extração de ADN

A obtenção de ADN com elevado rendimento e qualidade é essencial para o êxito do código de barras de ADN. Para o efeito, é necessário proceder a uma amostragem cuidadosa e a uma homogeneização exaustiva, em especial no caso de tecidos animais com um teor limitado de ADN. O processo de extração de ADN envolve normalmente várias etapas fundamentais, incluindo a lise dos tecidos, a remoção de impurezas e a precipitação do ADN. Existem vários métodos clássicos de extração de ADN de tecidos animais, como a extração com dodecil sulfato de sódio (SDS), a extração com tiocianato de guanidínio-fenol-clorofórmio, a purificação com matriz de sílica e a purificação com esferas magnéticas. Muitos laboratórios adaptaram estes métodos tradicionais para melhorar a eficiência da extração de ADN. Por exemplo, foi desenvolvido um protocolo económico e de fácil utilização que utiliza SDS e proteinase K para a lise de tecidos, seguido de purificação à base de sílica utilizando placas de filtração de fibra de vidro. Além disso, vários destes protocolos foram comercializados sob a forma de kits, oferecendo soluções normalizadas de ADN para diferentes necessidades de investigação. Dadas as caraterísticas distintas dos diferentes tecidos animais, é crucial selecionar métodos de extração adequados ou kits comerciais adaptados ao tipo específico de amostra.

No caso das plantas, o método CTAB é geralmente utilizado e é descrito em pormenor mais adiante.

O isolamento do ADN vegetal utilizando o método CTAB (brometo de cetiltrimetilamónio) envolve várias etapas fundamentais para extrair eficazmente o ADN dos tecidos vegetais. Em primeiro lugar, a preparação da amostra é crucial. São recolhidas amostras de tecido vegetal fresco, garantindo que são jovens e saudáveis para uma extração óptima do ADN. É essencial remover qualquer sujidade, detritos ou contaminantes da superfície do tecido vegetal antes de prosseguir com o processo de extração. Em seguida, o tecido vegetal é triturado ou homogeneizado para libertar o conteúdo celular, incluindo o ADN. Isto pode ser conseguido triturando o tecido num almofariz e pilão com azoto líquido ou utilizando um homogeneizador para criar um pó fino ou um homogeneizado.

O tampão de extração CTAB é então preparado. Este tampão contém geralmente CTAB, um detergente que ajuda a romper as membranas celulares e a libertar o ADN, bem como outros componentes como EDTA e o Tris-HCl para evitar a degradação do ADN e ajustar o pH. Uma vez preparado o tampão, o tecido vegetal triturado ou homogeneizado é adicionado ao tampão de extração CTAB e a mistura é incubada a uma temperatura elevada (geralmente cerca de 60-65°C). Este passo facilita a lise das células,

permitindo que os componentes celulares, incluindo o ADN, sejam libertados para a solução.

Após a lise celular, é adicionada ao lisado uma solução de clorofórmio/álcool isoamílico para separar a fase aquosa que contém o ADN das proteínas e outros resíduos celulares. A mistura é então centrifugada para separar as fases, permanecendo o ADN na camada aquosa superior. A fase aquosa que contém o ADN é transferida para um novo tubo e adiciona-se isopropanol ou etanol frio para precipitar o ADN. Após a centrifugação, o sedimento de ADN é lavado com etanol frio para remover os contaminantes residuais e, em seguida, seco ao ar ou centrifugado por breves instantes. Finalmente, sedimento de ADN é suspenso num tampão adequado ou em água destilada para aplicações a jusante. A qualidade e a quantidade do ADN extraído são avaliadas por espetrofotometria ou eletroforese em gel, a fim de garantir a sua adequação para análises subsequentes, como a amplificação por PCR para a codificação de ADN. Em geral, o método CTAB é amplamente utilizado para o isolamento de ADN de plantas devido à sua eficiência na ADN de alta qualidade, adequado para uma variedade de aplicações de biologia molecular. Atualmente, estão também disponíveis no mercado vários kits para o isolamento de ADN.

Seleção da região do código de barras

A seleção de uma região de código de barras de ADN adequada é essencial para a identificação e classificação precisas das espécies vegetais e animais. Nos animais, a região mitocondrial da citocromo c oxidase I (COI) é o código de barras mais utilizado devido à sua elevada taxa de variação das sequências, que facilita a discriminação das espécies. Estudos exaustivos demonstraram a capacidade da região COI para a taxonomia animal. No entanto, o código de barras COI tem várias limitações. Por exemplo, foi demonstrado que oferece uma discriminação insuficiente e pouco fiável para certas espécies das classes Gastropoda e Anthozoa. Este facto levou os investigadores a explorar outros marcadores genéticos, como o citocromo b mitocondrial (Cytb), o 16S rRNA, o 12S rRNA e o espaçador transcrito ribossómico interno (ITS), para a codificação de animais. Por exemplo, a região ITS2 pode atingir uma taxa de identificação elevada de 91,7% ao nível da espécie entre 12 221 tipos de animais registados no GenBank e pode diferenciar espécies como os Argasidae, que não são identificados de forma fiável pelo código de barras COI. Os minicódigos de barras, regiões mais curtas de ADN, são também utilizados, nomeadamente para amostras altamente processadas em que a degradação do ADN constitui um problema. Embora os códigos de barras tenham geralmente uma taxa de sucesso de amplificação mais elevada do que os códigos de barras completos, a sua eficiência está positivamente correlacionada com o comprimento do código de barras. Por conseguinte, os comprimentos são geralmente mantidos acima de 100 pb. Por exemplo, uma região de 250 pb do 16S rRNA foi amplificada com sucesso a partir de várias preparações medicinais e produtos alimentares, permitindo a identificação correta de espécies animais.

Nas plantas, as regiões de código de barras podem ser selecionadas a partir de genes do cloroplasto, do núcleo ou de baixo número de cópias. A escolha da região de código de barras depende da espécie vegetal específica em estudo. As regiões cloroplásticas, como rbcL, matK e o espaçador intergénico psbA-trnH, são normalmente utilizadas devido à sua universalidade e poder discriminatório relativamente elevado. No entanto, as regiões nucleares, incluindo as regiões ITS, são também importantes para a codificação de plantas, em especial no caso de espécies estreitamente relacionadas, para as quais as regiões cloroplásticas podem não fornecer uma resolução suficiente.

Os códigos de barras de ADN simples podem, por vezes, fornecer uma identificação insuficiente ou falsa espécies híbridas ou espécies com elevada diversidade genética. Para resolver este problema, os códigos de barras multilocus, que envolvem a utilização de várias regiões genéticas, podem melhorar a exatidão e a sensibilidade da identificação. As diretrizes sobre códigos de barras de ADN para identificação molecular da medicina tradicional chinesa (MTC), incluídas no apêndice da Farmacopeia Chinesa, recomendam a identificação completa dos animais utilizando os códigos de barras COI e ITS2.

A seleção de regiões de códigos de barras adequadas é, por conseguinte, essencial para uma identificação precisa e fiável das espécies. Embora o COI continue a ser o código de barras dominante para os animais, as suas limitações exigem a utilização marcadores adicionais ou abordagens multilocus. Nas plantas, a escolha da região do código de barras deve ser adaptada à espécie e aos requisitos específicos do estudo, garantindo assim a resolução taxonómica mais exacta possível.

Amplificação por PCR da região do código de barras

A reação em cadeia da polimerase (PCR) é uma técnica fundamental da biologia molecular utilizada para amplificar sequências específicas de ADN. A PCR é uma técnica poderosa e versátil que revolucionou a biologia molecular, permitindo a deteção, clonagem e análise de sequências específicas de ADN a partir de quantidades mínimas de matéria-prima.

O método PCR envolve várias etapas fundamentais, cada uma realizada num termociclador que controla com precisão a temperatura em cada fase da reação. Neste caso, esta é utilizada para amplificar os primers específicos utilizados para o código de barras do ADN. No caso dos animais, é utilizado o primer do gene CO1. Nas plantas, são utilizados primers de cloroplastos, nucleares ou de baixo número de cópias. Os iniciadores universais normalmente utilizados nas plantas codificam matK, rbcL, rpoB e rpoCl, bem como três espaçadores não codificantes (atpF - atpH, psbA-trnH e psbK - psbl. No caso dos fungos, recomenda-se a utilização das regiões ITS para uma melhor resolução das espécies. O método PCR envolve a preparação da mistura de reação.

Preparação da mistura de reação :

O primeiro passo na PCR é preparar a mistura de reação. Esta mistura inclui o ADN modelo, que contém a sequência alvo a amplificar; dois iniciadores (iniciadores direto e inverso), sequências curtas de ADN de cadeia simples complementares às regiões que flanqueiam a sequência alvo; trifosfatos de desoxinucleósidos (dNTPs), os blocos de construção para a síntese de novas cadeias de ADN; uma enzima DNA polimerase, geralmente a Taq polimerase, que é termoestável e pode suportar as altas temperaturas utilizadas na PCR; e uma solução tampão que fornece os iões e o pH necessários para a reação. Os iões de magnésio também estão incluídos, uma vez que são cofactores essenciais para a enzima DNA polimerase. As etapas da PCR incluem o seguinte:

1. Desnaturação :

A reação de PCR começa com o passo de desnaturação. A mistura de reação é aquecida a cerca de 94-98°C durante 20-30 segundos. Esta temperatura elevada faz com que o ADN de cadeia dupla se separe em cadeias simples, quebrando as ligações de hidrogénio entre as bases complementares. Este passo é crucial porque permite que os primers acedam aos modelos de ADN de cadeia simples.

2. Recozimento :

Após a desnaturação, a mistura de reação é arrefecida a uma temperatura entre 50 e 65°C durante 20 a 40 segundos. Esta temperatura é específica para os primers utilizados e é geralmente alguns graus abaixo da sua temperatura de fusão (Tm). Durante passo de hibridação, os primers ligam-se ou hibridizam-se com as suas sequências complementares nos modelos de ADN de cadeia simples. A conceção adequada dos primers é essencial para garantir a especificidade e a ligação eficaz às sequências-alvo.

3. Prolongamento :

A fase final do ciclo de PCR extensão ou alongamento, em que a temperatura é aumentada para cerca de 72°C, que é a temperatura óptima para a atividade da Taq polimerase. Durante esta etapa, a enzima ADN polimerase sintetiza novas cadeias de ADN adicionando dNTPs às extremidades 3' dos iniciadores, estendendo assim a sequência de ADN na direção da sequência alvo. A duração deste passo depende do comprimento do fragmento de ADN que está a ser amplificado, normalmente 1 minuto por quilobase de ADN.

Andar de bicicleta:

As etapas de desnaturação, recozimento e extensão são repetidas durante 25 a 35 ciclos. Cada ciclo duplica a quantidade ADN alvo, conduzindo a uma amplificação exponencial da sequência de ADN específica. O número de ciclos necessários depende da quantidade inicial ADN modelo e da quantidade desejada de produto amplificado. Após o último ciclo, é normalmente realizado passo de extensão final incubando a mistura de reação a 72°C durante 5-10 minutos. Isto assegura que qualquer ADN de cadeia simples remanescente é totalmente estendido e que todas as novas cadeias de ADN são completamente sintetizadas. Uma vez concluída a PCR, a mistura de reação é arrefecida a 4°C ou à temperatura ambiente. O ADN amplificado, também conhecido como produto da PCR ou amplicon, pode então ser analisado utilizando várias técnicas, como a eletroforese em gel, que permite visualizar os fragmentos de ADN para confirmar o sucesso da amplificação.

Sequenciamento da região amplificada

A sequenciação didesoxi de Sanger, um método tradicional e amplamente utilizado de sequenciação de ADN, é capaz de gerar leituras de sequenciação com um comprimento até 1.000 pares de bases. Este método é particularmente útil para o código de barras de ADN de uma única espécie em pequena escala, devido à sua fiabilidade e precisão. No entanto, o baixo rendimento da sequenciação Sanger limita a sua eficácia em projectos de grande escala, em que é necessária a análise simultânea de muitas amostras. Este facto torna-a menos adequada para tipos de amostras complexas ou de grande volume, nas quais podem estar presentes várias espécies.

Em contrapartida, a tecnologia de sequenciação de nova geração (NGS) está a revolucionar a sequenciação de ADN ao permitir a sequenciação paralela de múltiplos fragmentos de ADN numa única reação. Esta capacidade de alta velocidade acelera significativamente o processo e permite a análise de grandes conjuntos de dados, tornando-a ideal para projectos extensivos de códigos de barras. Uma das primeiras plataformas NGS disponíveis no mercado, a pyrosequengage 454, demonstrou a utilidade desta tecnologia ao analisar eficazmente uma variedade de misturas complexas, incluindo amostras ambientais, produtos alimentares e preparações medicinais. A capacidade de processar eficazmente amostras mistas faz da NGS uma ferramenta poderosa para estudos de biodiversidade e controlo de qualidade numa série de indústrias.

Avanços recentes levaram ao desenvolvimento de vários sequenciadores de bancada concebidos para utilização de rotina no laboratório. Sistemas como o Roche 454 GS Junior, Ion Proton, Illumina MiSeq e MiniSeq tornaram a sequenciação de alto rendimento mais acessível e prática para aplicações quotidianas. Estas plataformas são particularmente úteis para projectos que requerem tempos de execução rápidos e elevada precisão dos dados, alargando o âmbito do código de barras do ADN e de outras análises genómicas.

Apesar das muitas vantagens do NGS, este não está isento de desafios. As plataformas NGS podem produzir erros de sequenciação, exigindo medidas rigorosas de controlo de qualidade. Antes da análise do código de barras, é crucial efetuar a filtragem da qualidade e o corte das leituras em bruto para remover quaisquer dados erróneos. Esta etapa garante a fiabilidade dos resultados da sequenciação, o que é essencial para uma identificação exacta das espécies e outras análises a jusante. medida que a tecnologia NGS continua a evoluir, é provável que estas medidas de controlo de qualidade se tornem mais refinadas, melhorando a precisão e a utilidade do código de barras de ADN numa variedade de domínios científicos e industriais.

Análise de sequências

As sequências em bruto foram editadas manualmente utilizando o BioEdit e alinhadas utilizando os parâmetros de alinhamento predefinidos no CLUSTAL X. Refinadas refinadas refinadas foram foram confirmadas via BLASTn (//blast.ncbi.nlm.nih.gov/Blast.cgi) com a base de dados de nucleótidos NCBI GenBank. O Basic Local Alignment Search Tool (BLAST) é um algoritmo baseado na semelhança, que faz corresponder a sequência de consulta com as das bases de dados de referência e, em seguida, fornece uma pontuação de semelhança com base na parte da consulta alinhada com a referência.

A identificação exacta das espécies depende em grande medida da disponibilidade de dados de sequências de referência armazenados em várias bases de dados públicas. Os principais repositórios incluem o GenBank, BOLD, a Medical Device DNA Barcode Database (MMDBD), a International Nucleotide Sequence Database Collaboration (INSDC) e o Barcode Indexing System (BIN). Estas bases de dados fornecem uma grande quantidade de sequências atribuídas a taxa específicos, facilitando a análise comparativa da variação genética.

O GenBank é uma base de dados amplamente utilizada em estudos de códigos de barras, que alberga uma vasta coleção de mais de uma base de dados de sequências com uma ampla cobertura taxonómica. A BOLD recolheu mais de dois milhões de sequências COI cerca de 170 000 espécies, o que demonstra o seu alcance global. O INSDC também oferece um registo substancial de dados de sequências Cytb e ITS.

A MMDBD é especializada em informações sobre códigos de barras de plantas e animais medicinais, abrangendo mais de 1700 espécies listadas em várias farmacopeias, incluindo a Farmacopeia Chinesa e a Farmacopeia Americana de Ervas. Nomeadamente, a MMDBD também fornece informações sobre a sequência de adulterantes e substitutos comuns, o que é crucial para garantir a autenticidade dos materiais medicinais.

Análise de dados

São utilizadas três análises estatísticas distintas (métodos baseados na distância, na semelhança e na árvore) para avaliar a discriminação das espécies dentro de um género.

No método baseado na distância, as distâncias intra e interespecíficas são calculadas por pares, utilizando o modelo de Kimura (K2P) de dois parâmetros. Esta abordagem identifica a região mais eficiente para o código de barras através da análise da lacuna de código de barras, que representa a diferença entre a variabilidade intra e interespecífica.

O método baseado na semelhança compara cada sequência com todas as outras sequências no conjunto de dados alinhados para identificar a correspondência mais próxima, utilizando critérios como a "melhor correspondência" e a "melhor correspondência próxima. Este método corrobora os resultados da análise baseada na distância da região óptima do código de barras.

O método de construção da árvore gera uma árvore filogenética para representar graficamente as relações entre as sequências. Esta visualização desempenha um papel fundamental na avaliação da capacidade de marcadores específicos para distinguir espécies estreitamente relacionadas. A construção de uma árvore filogenética permite identificar amostras desconhecidas e resolver ambiguidades taxonómicas, proporcionando assim uma visão clara das relações genéticas dentro do género. São utilizados vários algoritmos de agrupamento hierárquico para construir árvores filogenéticas, incluindo a junção de vizinhos (NJ), a máxima verosimilhança (ML), a máxima parcimónia (MP) e a inferência bayesiana (BI). A utilização de uma combinação destes algoritmos pode resultar numa identificação mais fiável do que a utilização de um único método. Estão disponíveis várias ferramentas comerciais para a construção e visualização destas árvores, tais como MEGA, PHYLIP e PAUP. Estas ferramentas facilitam a aplicação de diferentes algoritmos de agrupamento e ajudam a visualizar as relações filogenéticas resultantes, melhorando assim a precisão e a fiabilidade da identificação das espécies.

CAPÍTULO 5

APLICAÇÕES DE CODIFICAÇÃO DE BARRAS DE ADN

Os códigos de barras de ADN têm uma vasta gama aplicações numa variedade de domínios. Uma área crucial em que o código de barras de ADN está a desempenhar um papel importante é a conservação dos recursos naturais. Ao identificar com exatidão as espécies através do seu ADN, os esforços de conservação podem ser mais bem orientados para proteger e conservar a biodiversidade, em especial no caso das espécies em perigo e ameaçadas. Além disso, os códigos de barras de ADN contribuem para a proteção de espécies ameaçadas, permitindo a identificação de espécimes ilegalmente comercializados ou colhidos, ajudando assim os organismos responsáveis pela aplicação da lei a combater o tráfico de animais selvagens e a caça furtiva.

Na agricultura, os códigos de barras de ADN desempenham um papel fundamental no controlo das pragas, uma identificação rápida e precisa dos insectos nocivos e dos agentes patogénicos. Isto facilita a implementação de estratégias específicas de gestão de pragas, minimizando os danos nas culturas e reduzindo a necessidade de pesticidas de largo espetro.

Além disso, os códigos de barras de ADN são inestimáveis para identificar vectores de doenças, como mosquitos e carraças, contribuindo assim para a vigilância e o controlo de doenças transmitidas por vectores. Ao identificar as espécies responsáveis pela transmissão de agentes patogénicos, as autoridades de saúde pública podem aplicar medidas de controlo específicas para reduzir a transmissão de doenças.

Na monitorização ambiental, o código de barras do ADN é uma ferramenta poderosa para avaliar a qualidade da água e a saúde dos ecossistemas. Ao analisar a diversidade e a composição dos organismos aquáticos, os cientistas podem avaliar o impacto da poluição e de outros factores de stress ambiental nos ecossistemas aquáticos. No entanto, com o método de código de barras de ADN, a identificação das espécies pode ser efectuada sem qualquer conhecimento prévio das amostras estudadas. Esta abordagem é particularmente útil para a recuperação de códigos de barras de ADN amostras ambientais mistas ou para a identificação de espécimes problemáticos cuja morfologia não é clara, especialmente nos casos em que o material está danificado ou em que apenas estão disponíveis partes parciais do corpo. Por conseguinte, em tais cenários, a utilização iniciadores universais, como os iniciadores Folmer, continua a ser uma solução viável. No entanto, é importante notar que estes iniciadores podem também coamplificar pseudogénios mitocondriais nucleares (numts) ou sequências "COI-like", bem como microrganismos. Este facto pode potencialmente levar a uma sobrestimação da diversidade de espécies e ter impacto nos modelos de biodiversidade global. Foi efectuada uma análise de sequências homólogas de sítios de primers obtidas a partir de dados de genomas completos de procariotas e eucariotas, revelando a presença de sequências de primers Folmer direcionadas. Além disso, demonstraram que vários genomas de espécies bacterianas tinham nucleótidos emparelhados mais próximos para o iniciador inverso do que a maioria dos animais.

Além disso, os códigos de barras de ADN desempenham um papel crucial na autenticação de produtos naturais para a saúde e na identificação de plantas medicinais. Ao verificar a identidade botânica dos remédios à base de plantas e das plantas medicinais, os consumidores podem ter a certeza da qualidade e eficácia do produto, ajudando simultaneamente a evitar rotulagem incorrecta ou a adulteração de produtos à base de plantas. Globalmente, o código de barras de ADN constitui uma ferramenta versátil e indispensável para uma vasta gama aplicações, contribuindo para diversos domínios, incluindo a conservação da biodiversidade, a agricultura, a saúde pública, a monitorização ambiental e a fitoterapia.

Identificação das espécies

O código de barras de ADN é uma ferramenta crucial para a identificação de espécies, sobretudo quando os métodos tradicionais são impraticáveis. Isto é particularmente útil em cenários como a identificação de larvas, em que as caraterísticas de diagnóstico são raras, e para ligar diferentes fases de vida dos organismos. Além disso, no caso das espécies listadas na CITES, as técnicas de código de barras desempenham um papel essencial na monitorização do comércio ilegal, ajudando as autoridades a detetar e prevenir o tráfico espécies ameaçadas. A deteção de espécies invasivas é outra área em que os códigos de barras de ADN se estão a revelar úteis. Nos pontos de controlo fronteiriço, onde a identificação morfológica rápida e precisa pode não ser possível devido a semelhanças entre espécies ou à falta de caraterísticas de diagnóstico, o código de barras de ADN oferece uma alternativa fiável. Este método permite às autoridades detetar rapidamente espécies invasoras nos ecossistemas e diferenciar entre espécies invasoras e nativas que podem ser morfologicamente semelhantes, contribuindo assim de forma significativa para a gestão das invasões biológicas.

Além disso, o código de barras de ADN facilita a delimitação de espécies crípticas, que são geneticamente distintas mas morfologicamente semelhantes. Através da análise dos códigos de barras de ADN, os investigadores podem descobrir uma diversidade oculta espécies que poderia não ser visível apenas através do exame morfológico tradicional. No entanto, o processo de delinear espécies crípticas utilizando códigos de barras de ADN pode ser matizado, uma vez que depende dos métodos de análise escolhidos. Apesar dos potenciais desafios, o código de barras de ADN fornece informações valiosas sobre a biodiversidade e os limites das espécies, contribuindo para a nossa compreensão do mundo natural.

Fitoterapia

O código de barras do ADN tornou-se uma ferramenta poderosa para identificar plantas medicinais, oferecendo um meio de ultrapassar os desafios colocados pela adulteração e pelo controlo de qualidade no fabrico de plantas medicinais. Na nossa recente análise de 366 manuscritos sobre plantas medicinais publicados na última década, verificámos que o código de barras de ADN foi amplamente utilizado, com os investigadores a utilizarem várias regiões de códigos de barras para estudar material de plantas medicinais. Em particular, a região ITS2 (Internal Transcribe Spacer 2) ganhou popularidade devido às suas elevadas taxas de discriminação a níveis taxonómicos inferiores. No entanto, a adoção uma abordagem de código de barras de ADN multilocus é promissora para uma identificação mais precisa das plantas medicinais.

Apesar do potencial do código de barras de ADN, há limitações que devem ser tidas em conta. O consumo crescente de medicamentos à base de plantas levou a um aumento da adulteração durante o processo de fabrico, o que teve um impacto na qualidade e segurança dos produtos à base de plantas. Práticas pouco éticas, como a publicidade enganosa, a substituição de produtos e a contaminação, representam graves riscos para a saúde dos consumidores. As agências reguladoras, como a FDA e a CFIA, enfrentam dificuldades em controlar adequadamente os fabricantes de suplementos alimentares e em fazer cumprir os regulamentos destinados a proteger os consumidores.

Os estudos de investigação química puseram em evidência problemas relacionados com um controlo de qualidade deficiente e a variabilidade do teor de ingredientes activos nos suplementos à base de plantas de diferentes fabricantes. Estudos baseados na tecnologia do ADN identificaram a contaminação de produtos à base de plantas por plantas tóxicas, salientando a necessidade de métodos de autenticação robustos. O código de barras de ADN oferece uma abordagem promissora para a autenticação de produtos, proporcionando um meio de detetar a substituição e a contaminação de produtos à base de plantas. Embora possa implicar alguns custos, a análise de produtos a granel com recurso ao código de barras de ADN pode certificar a autenticidade e a qualidade dos produtos à base de plantas, reforçando a confiança dos consumidores e promovendo a transparência na indústria das plantas.

Medicina legal

Os códigos de barras de ADN desempenham um papel crucial na ciência forense, particularmente em casos a identificação de espécies. Quando amostras desconhecidas de animais ou plantas são descobertas em locais de crime, é utilizado um código de barras de ADN para as identificar, ligando potencialmente as provas a um suspeito e ajudando a obter condenações. Este método é particularmente relevante em crimes como a caça furtiva, o abate ilegal de espécies ameaçadas e os casos de abuso de animais, em que o ADN dos animais é frequentemente utilizado como prova.

Em casos de crimes relacionados com animais, os códigos de barras de ADN são uma ferramenta poderosa que permite investigadores estabelecer a identidade das espécies envolvidas, ajudando assim a processar os infractores. Por outro lado, quando o ADN das plantas é detectado como vestígio, o código de barras de ADN ajuda a ligar um suspeito a um local de crime. Ao analisar os perfis de ADN de amostras de plantas encontradas no local, os cientistas forenses podem recolher informações valiosas que podem ligar indivíduos a actividades criminosas.

De um modo geral, o código de barras do ADN melhora as capacidades da ciência forense, fornecendo métodos fiáveis para identificar espécies a partir de provas biológicas recolhidas em locais de crime. Quer se trate de ADN de animais ou de plantas, esta tecnologia é um recurso valioso nas investigações forenses, ajudando os serviços de aplicação da lei nos seus esforços para resolver crimes e levar os seus autores à justiça.

Foi desenvolvida uma base de dados de códigos de barras de ADN especificamente para espécies comerciais de árvores de madeira, que constitui uma ferramenta fiável e segura para diferenciar espécies de madeira adulteradas para as agências voluntárias de certificação da madeira. Os métodos de código de barras de ADN foram utilizados para identificar espécies de madeira como o Santalum e a Dalbergia, ajudando a impedir o comércio ilegal destas madeiras.

A exposição a plantas venenosas representa um risco significativo para a saúde, exigindo uma identificação exacta das espécies para determinar o tratamento adequado. A observação visual das plantas ingeridas é muitas vezes impraticável devido à sua degradação, tornando o código de barras de ADN uma ferramenta molecular inestimável para a identificação das espécies. Estudos demonstraram que o marcador de ADN rbcL pode ser utilizado como marcador primário para identificar plantas venenosas. Nos casos em que é necessária uma maior resolução, o ITS2 ou o trnH-psbA podem ser utilizados como marcadores secundários. Alguns estudos estão a lançar as bases para o desenvolvimento de um método molecular fiável para identificar espécies tóxicas amostras de vómito em casos envenenamento, contribuindo assim para uma intervenção médica rápida e precisa.

Indústria alimentar

Os aditivos alimentares derivados de plantas ou animais são amplamente utilizados na indústria alimentar como conservantes, antimicrobianos, melhoradores nutricionais e corantes para melhorar os atributos sensoriais, a segurança e a qualidade dos alimentos. À medida que aumenta a procura de alimentos saudáveis por parte dos consumidores, os aditivos naturais são frequentemente utilizados não só como condimentos naturais, mas também pelas suas propriedades medicinais, tais como efeitos anti-hipertensivos, antimicrobianos, antioxidantes, anti-inflamatórios e anticancerígenos. Consequentemente, a utilização de plantas medicinais como aditivos alimentares tornou-se cada vez mais popular em todo o mundo devido aos seus benefícios para a saúde. No entanto, a adulteração continua a ser uma grande preocupação no que respeita aos aditivos alimentares. A rotulagem incorrecta ou a falsificação de produtos alimentares pode levar a graves problemas de saúde, incluindo a contaminação cruzada e reacções alérgicas. Mais especificamente, a falsificação de produtos à base de carne representa um risco importante para a saúde no que respeita à transmissão de doenças. Além disso, a identificação incorrecta de ingredientes alimentares pode causar reacções alérgicas em indivíduos sensíveis. A fraude alimentar tornou-se, assim, um fator de risco crítico para a segurança alimentar. Há, portanto, uma necessidade crescente de de autenticação e rastreabilidade para melhorar a segurança alimentar. O ADN mitocondrial oferece uma via promissora para a autenticação de espécies em alimentos e produtos alimentares. Foram desenvolvidos marcadores eficazes de códigos de barras de ADN para identificar com precisão as espécies, o que levou à aprovação por organismos reguladores como a FDA dos EUA para utilização numa variedade de produtos alimentares. A utilização da tecnologia de códigos de barras de ADN como ferramenta regulamentar permite uma identificação precisa e garante a autenticidade dos produtos alimentares. Ao utilizar códigos de barras de ADN, os riscos associados à contaminação microbiológica e toxicológica dos géneros alimentícios podem ser minimizados. Em última análise, o código de barras de ADN tem potencial para se tornar o método de referência para garantir a autenticidade dos alimentos e detetar fraudes.

Medicina tradicional

Há muito que uma variedade de animais, incluindo mamíferos, répteis, peixes e anfíbios, é utilizada como matéria-prima na medicina tradicional (MT), sobretudo nos países asiáticos e africanos. Por exemplo, os cornos, as escamas, os músculos e as vesículas biliares dos mamíferos selvagens são fontes importantes ingredientes da MT. No entanto, é difícil distinguir os materiais autênticos dos adulterantes, como no caso dos cornos de Saiga tatarica, cuja população diminuiu rapidamente devido à caça. Para resolver este problema, foram utilizadas técnicas de código de barras de ADN, que identificação precisa da origem das espécies e a diferenciação entre produtos genuínos e contrafeitos. Foram aplicados de autenticação semelhantes a outros materiais MT derivados de mamíferos, nomeadamente escamas de pangolim e almíscar de veado.

Os répteis, como as cobras, osgas e tartarugas, também desempenham um papel essencial na medicina tradicional em todo o mundo, oferecendo uma variedade de benefícios terapêuticos. No entanto, a identificação de répteis medicinais com morfologias semelhantes pode ser difícil. O código de barras de ADN constitui uma estratégia fiável para distinguir as espécies, como demonstrado por serpentes como *Zaocys ends* e *Multilayer bungalow*, habitualmente utilizadas na MT. Utilizando um painel de códigos completos e mini-códigos, incluindo COI, 12S rRNA, 16S rRNA e Cytb, os investigadores conseguiram identificar espécies específicas de serpentes e diferenciar produtos genuínos de adulterantes.

Do mesmo modo, os códigos de barras de ADN têm desempenhado um papel fundamental na autenticação de materiais de TM baseados em peixe, como barbatanas de tubarão e cavalos-marinhos, que são frequentemente objeto de sobrepesca e comércio ilegal. A utilização de códigos minibar, mesmo em produtos transformados, permite uma identificação exacta das espécies, contribuindo assim para a conservação de populações de peixes ameaçadas. Por último, os anfíbios, como os sapos e as rãs, são também muito utilizados na TM, o que coloca desafios autenticação das espécies. As técnicas de código de barras de ADN baseadas nas sequências COI e 16S rRNA revelaram-se eficazes na distinção entre diferentes espécies de rãs e sapos, garantindo assim a autenticidade dos materiais de TM à base de anfíbios.

O código metabólico do ADN tornou-se uma ferramenta promissora para autenticar espécies marcadas e detetar taxa não declarados em formulações de TM de origem animal. Por exemplo, estudos que utilizaram a sequenciação do código de barras 16S rRNA e abordagens de codificação do metabolismo multilocus revelaram discrepâncias entre as espécies marcadas e o conteúdo real de várias preparações de TM. Estes resultados realçam o potencial do DNA metabarcoding na farmacovigilância para a auditoria pré e pós-comercialização de produtos da MT. Curiosamente, o DNA metabarcoding também encontrou aplicação na identificação da composição de alimentos a partir de secreções animais, tais como espécies florais de mel, demonstrando a sua versatilidade na análise da biodiversidade. De um modo geral, o DNA metabarcoding mostra-se muito promissor como ferramenta robusta para garantir a segurança, a legalidade e a autenticidade dos produtos da MT, bem como para efetuar avaliações da biodiversidade numa variedade de contextos.

CONCLUSÃO

Nas ciências biológicas, o código de barras do ADN tornou-se uma ferramenta transformadora, revolucionando domínios que vão da conservação da biodiversidade à medicina forense. Através da análise de marcadores genéticos normalizados, o código de barras de ADN permite identificação rápida e exacta de espécies, respondendo a desafios de longa data em taxonomia, ecologia e outros. Esta conclusão abrangente resume inúmeros avanços e aplicações do código de barras do ADN, salientando a sua importância, limitações e perspectivas futuras.

A evolução da tecnologia de código de barras de ADN tem sido marcada por avanços significativos, impulsionados por inovações em biologia molecular, bioinformática e metodologias de sequenciação. Os esforços iniciais centraram-se na identificação de marcadores genéticos universais, o que levou à seleção de regiões como o gene mitocondrial citocromo c oxidase subunidade I (COI) e o gene do cloroplasto ribulose-1,5-bisfosfato carboxilase/oxigenase (rbcL). Desenvolvimentos posteriores alargaram o repertório de regiões de códigos de barras para incluir marcadores nucleares e abordagens de sequenciação de todo o genoma, oferecendo maior resolução e precisão na identificação de espécies.

O advento de plataformas de sequenciação de alta velocidade revolucionou a codificação de ADN, permitindo a análise simultânea de várias amostras e a geração de grandes quantidades de dados de sequenciação. Esta evolução facilitou os levantamentos da biodiversidade em grande escala, as análises metagenómicas e as investigações forenses, acelerando o ritmo das descobertas e da inovação na investigação do código de barras do ADN. Além disso, os avanços nas ferramentas bioinformáticas e nos algoritmos informáticos melhoraram o processamento, o armazenamento e a análise dos dados, permitindo investigadores extrair informações significativas conjuntos de dados genéticos complexos com uma eficiência e uma precisão sem precedentes.

A versatilidade do código de barras de ADN estende-se a uma vasta gama de disciplinas científicas, cada uma delas beneficiando das suas capacidades e aplicações únicas. No domínio da conservação da biodiversidade, o código de barras de ADN é uma ferramenta poderosa para a identificação de espécies, facilitando a avaliação da riqueza das espécies, da dinâmica das populações e da estrutura das comunidades. Ao catalogar a diversidade genética e detetar espécies crípticas, os códigos de barras de ADN contribuem para a conservação de espécies ameaçadas e para a gestão de espécies invasoras, promovendo assim a saúde e a resiliência dos ecossistemas.

No domínio da agricultura e da segurança alimentar, os códigos de barras de ADN desempenham um papel essencial na rastreabilidade e autenticação, permitindo a identificação exacta das espécies vegetais e animais nos produtos agrícolas e de abastecimento alimentar. Ao detetar fraudes alimentares, adulterações e rotulagem incorrecta, os códigos de barras de ADN ajudam a proteger a saúde dos consumidores e a promover a transparência e a integridade na indústria alimentar. Além disso, os códigos de barras de ADN facilitam a identificação de pragas e agentes patogénicos agrícolas, informando sobre estratégias de gestão de pragas e reduzindo as perdas de colheitas e os riscos agrícolas.

A ciência forense é outro domínio em que os códigos de barras de ADN têm dado um contributo significativo, em especial nas investigações criminais e nos processos forenses. Através da análise de provas de ADN recuperadas de locais de crime, os códigos de barras de ADN permitem a identificação espécies animais e vegetais, ligando suspeitos a actividades criminosas como a caça furtiva, animais selvagens e os crimes ambientais. Os códigos de barras de ADN também a análise de vestígios, tornando mais fácil a resolução de casos criminais e a administração da justiça.

Apesar das suas aplicações e avanços generalizados, o código de barras de ADN não está isento de limitações e desafios. Questões como as bases de dados de referência incompletas, a variação genética dentro das espécies e as restrições técnicas constituem obstáculos à adoção e aplicação generalizadas do código de barras de ADN em alguns contextos. Além disso, as considerações éticas, as preocupações com a privacidade e os quadros regulamentares devem ser cuidadosamente considerados para garantir a utilização responsável e ética da tecnologia de código de barras de ADN.

Olhando para o futuro, o futuro do código de barras de ADN é extremamente promissor, alimentado pelas inovações em curso nas tecnologias de sequenciação, nas ferramentas bioinformáticas e nas metodologias analíticas. Os esforços em curso para expandir as bases de dados de referência, melhorar a cobertura taxonómica e normalizar os protocolos melhorarão a fiabilidade, a precisão e a aplicabilidade do código de barras de ADN numa série de disciplinas científicas. Além disso, as colaborações interdisciplinares, as iniciativas de partilha de dados e os esforços de envolvimento do público promoverão uma maior sensibilização, compreensão e utilização do código de barras de ADN na investigação, no ensino e na definição de políticas.

Em conclusão, o código de barras de ADN representa um paradigma transformador nas ciências biológicas, oferecendo conhecimentos sem precedentes sobre a diversidade, a distribuição e a dinâmica da vida na Terra. Com as suas vastas aplicações, avanços tecnológicos e implicações interdisciplinares, o código de barras de ADN está pronto a revolucionar a nossa compreensão da biodiversidade, a informar os esforços de conservação e a enfrentar desafios sociais prementes nos próximos anos. À medida que continuamos a desbloquear o potencial do código de barras de ADN, embarcamos numa viagem de descoberta e inovação, guiados pela promessa de um futuro mais sustentável, equitativo e resiliente para as gerações vindouras.

REFERÊNCIAS

CBOL - Grupo de Trabalho sobre Plantas. 2009. Um código de barras de ADN para plantas terrestres. Actas da Academia Nacional de Ciências dos EUA 106: 12794-12797.

Chase, M.W., Soltisn, DE, Olmstead, RG, Morgan, D., Les, DH, Mishler, BD, Duvall, MR, Price, RA, Hills, H.G., Qiu, YL, Kron, KA, Rettig, J.H., Conti , E., Palmer, J.D., Manhart, J.R., Sytsma, K.J., Michaels, H.J., Kress, W.J., Karol, KG, Clark, WD, Hedron, M., Gaut, BS, Jansen, RK, Kim, K.J., Wimpee , CE, Smith, JE, Furnier, GR, Strauss, SH, Xiang, QY, Plunkett, GM, Soltis, RS.., Swensen, SM, Williams, SE, Gadek, RA, Quinn, CJ, Eguiarte, L.E., Golenberg, E., Learn, G.H. Jr, Graham, S.W., Barrett, S.C.H., Dayanandan, S. e Albert, VA. 1993. Phylogenetics of seed plants: a nucleotide sequence analysis of the *rbcL* plastid gene. Annals of the Missouri Botanical Garden 80: 528-580.

Hebert, P. D. N., Cywinska, A., Ball, S. L. e deWaard, J. R. 2003. Biological identification using DNA barcoding. Actas da Sociedade Real B: Ciências Biológicas 270: 313-321.

Hebert, P.D.N., Cywinska, A., Ball, S.L. e deWaard, J.R. 2003. Biological identification using DNA barcoding. Proc R Soc Lond B Biol Sci 270: 313-321.

Kurian A. 2019. Sistemática molecular dos rattans do sul da Índia. Estes de Tese de doutoramento, Universidade de Ciência e Tecnologia de Cochin, Kerala, Índia.

Kurian A., S.A. Dev, V.B. Sreekumar, E. M. Muralidharan (2020) A região nuclear de baixo número de cópias, RPB2, como uma nova região de código de barras de ADN para a identificação de espécies do género *Calamus* (Arecacees). Fisiologia Vegetal e Biologia Molecular, 26: 18751887.

Mayr, E. 1969. Principles of Systematic Zoology. McGraw-Hill, Nova Iorque, NY. 428 pp.

Newmaster, S.G., Fazekas, A. e Ragupathy, S. 2006. DNA barcoding in terrestrial plants: evaluation of *RBCL* in a multi-gene, multi-level approach. Canadian Journal of Botany 84: 335-341.

Thomas, M.M., Garwood, N.C., Baker, W.J.. 2006. Filogenia molecular do género *Chamedoree*, com base nos genes nucleares de baixo número de cópias *PRK* e *RPB2*. Molecular Phylogenetics and Evolution 38(2):398-415.

Vijayan, K. e Tsou, C. 2010. DNA barcoding in plants: taxonomy in a new perspective. Current Science (Bangalore) 99*:* 1530-1541.

Wilson, MA, Gaut, B. e Clegg, MT. 1990. O DNA do cloroplasto evolui lentamente na família das palmeiras (Arecaceae). Molecular Biology and Evolution 7: 303-314.

Wu, L., Wu, M., Cui, N.2021. Super código de barras de plantas: um estudo de caso sobre a identificação baseada no genoma de espécies *de Fritillary* intimamente relacionadas. *Menton Med* 16, 52

MIX
Papier aus verantwortungsvollen Quellen
Paper from responsible sources
FSC® C105338

Printed by Books on Demand GmbH, Norderstedt / Germany